聪颖宝贝科普馆

趣味科学启蒙，给孩子的贴心科普老师

世界奇观

胡君宇 / 主编

辽宁美术出版社

图书在版编目（CIP）数据

世界奇观 / 胡君宇主编. — 沈阳：辽宁美术出版
社, 2024.7
（聪颖宝贝科普馆）
ISBN 978-7-5314-9379-2

Ⅰ.①世… Ⅱ.①胡… Ⅲ.①自然科学－青少年读物
Ⅳ.①N49

中国版本图书馆 CIP 数据核字(2022)第 238233 号

出 版 者：辽宁美术出版社
地　　　址：沈阳市和平区民族北街 29 号　　邮编：110001
发 行 者：辽宁美术出版社
印 刷 者：唐山楠萍印务有限公司
开　　　本：889mm×1194mm　　1/16
印　　　张：5.5
字　　　数：40 千字
出版时间：2024 年 7 月第 1 版
印刷时间：2024 年 7 月第 1 次印刷
责任编辑：张　畅
装帧设计：宋双成
责任校对：郝　刚
书　　　号：ISBN 978-7-5314-9379-2
定　　　价：88.00 元

邮购部电话：024-83833008
E-mail：lnmscbs@163.com
http://www.lnmscbs.cn
图书如有印装质量问题请与出版部联系调换
出版部电话：024-23835227

目录

目录

现代奇观

空中奇观

写在前面

　　世界的魅力之处在于探索,在于收集那些很难得的风景。那么,你知道哪些景色是最迷人的吗?哪些又是最神秘且奇特的呢?在人类赖以生存的这个地球上,自然界亿万年的沧海桑田造就了无数令人震撼的自然奇观。它们在大自然浩瀚无际的舞台上演绎着地球不老的传奇。大自然包罗万象,既神奇又美妙。自然奇观,更是一直以来吸引着人们的目光,往往能让初次见到它们的人目瞪口呆。除了自然奇观外,人类悠久的历史上,也曾诞生过不少人造奇观,它们凝聚了先人们的智慧和汗水,包含着各自文明的文化结晶,时至今日,那些人造奇观依旧震撼着人们。从古至今,人类对自然进行了不断探索,从自然中收获颇多。另一方面,我们也在不断前进,不断创造新的奇观。

　　本书集知识性、观赏性于一体,罗列了三十八种世界奇观,分为自然奇观、水下奇观、古代奇观、现代奇观和空中奇观五类。上百幅富有冲击力的精美图片将罕见的胜景展现在您的眼前,简洁易懂的文字为您阐释奇观的地理背景和自然成因,精彩纷呈。阅读本书,您足不出户就可以观赏各种世界奇观,领略奇观的无穷魅力。本书为大家准备了很多令人难以置信的画面,相信它们肯定可以带给您很多灵感和震撼。

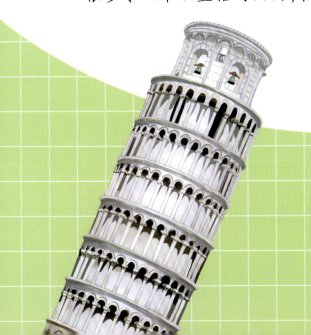

亚马孙雨林

亚马孙热带雨林(Amazon Rain Forest)是全球最大及物种最多的热带雨林,它位于南美洲的亚马孙平原,横越 8 个国家,占地 550 万平方公里,占据世界雨林面积的一半。亚马孙雨林被人们称为"绿色心脏"和"地球之肺"。

◆ 成因

1.亚马孙雨林位于赤道附近,受赤道低气压带控制,终年多雨。

2.亚马孙雨林所在的亚马孙平原面朝大西洋的东侧有缺口,且北部是圭亚那高原,南部是巴西高原,西部是安第斯山脉,有利于来自大西洋的湿润气流深入内陆。

3.巴西暖流增加了亚马孙雨林的温度和湿度。

4.东南信风和东北信风从大西洋带来水汽。

5.西侧受安第斯山脉的抬升,多地形雨。

◆ 气候特点

亚马孙雨林终年高温多雨,阳光充足,年降雨量超过 2000 毫米,雨林几乎全年闷热潮湿,即使在夜间也超过 20℃,白天温度往往在 30℃以上。

◆ "地球之肺"

亚马孙雨林占全球雨林的一半面积,占全球森林面积的 20%。亚马孙热带雨林通过光合作用,每年不断地吸收二氧化碳,同时向大气中大量补充氧气。据估计,亚马孙热带雨林所产生的氧气,至少可达到地球氧气供给量的 20%以上,因此亚马孙雨林常被人们称为"地球之肺"。

下龙湾

下龙湾是一个海湾,位于越南北方广宁省,距河内150千米,风光秀丽,1994年被列入《世界遗产名录》。下龙湾闻名遐迩,是越南最著名的旅游景点,堪称世界级风景胜地。

◆ 起源传说

传说下龙湾的居民原是海上村落的村民。某一日,这个村落遭遇大风暴。就在村民们苦不堪言的时候,天边飞来了一条神龙。神龙降下,这里便形成下龙湾。该版本的下龙湾传说与一种像龙的海洋生物——塔拉斯各(Tarasque)怪兽的传说相关。

◆ 地理环境

下龙湾包含约 3000 个岩石岛屿和土岛，面积 1500 平方千米，水域和热带森林中物种丰富，包含各种海生及陆生哺乳动物、鱼类和鸟类。下龙湾范围内的岛屿多是锯齿状石灰岩，其中不乏洞窟。

◆ "海上桂林"

下龙湾的地理环境属于典型的喀斯特地貌，岛屿数量众多，造型独特。下龙湾的景色与中国的桂林山水景色相似，被郭沫若先生称为"海上小桂林"。两者的区别在于下龙湾的视野更广阔，景象更显恢宏壮美，令人心神开阔。

伊瓜苏大瀑布

伊瓜苏大瀑布位于阿根廷与巴西界河伊瓜苏河下游，距伊瓜苏河与巴拉那河汇流点约 23 千米，落差 60 米～82 米，宽 4 千米，是世界上最宽的瀑布，于 1984 年被列入世界自然遗产。

◆ 地理环境

伊瓜苏大瀑布跨越阿根廷和巴西两国，游客络绎不绝，两国都将领土范围内的伊瓜苏大瀑布划入了本国国家公园范围内。伊瓜苏的市区面积仅 85 平方千米，而整个伊瓜苏国家公园却占地 660 平方千米。伊瓜苏国家公园内物种丰富，约有 400 种鸟、2000 种植物和大量的昆虫在这里生活。

◆ **成因**

　　伊瓜苏瀑布群位于伊瓜苏河与巴拉那河汇流点上游，由于巴拉那河的河谷是由南至北走势，而伊瓜苏河的河床岩层却正好与巴拉那河垂直，这里便形成了一段落差为 72 米的悬崖，长年累月的侵蚀下，瀑布群越来越宽，渐渐有了今时今日的气象。

◆ **起源传说**

　　传说中，一位神灵看中了伊瓜苏的一位美丽姑娘奈比，可奈比早已有了爱人。为了躲避神灵的追求，奈比和自己的爱人划独木舟逃跑。神灵大怒，挥手割裂了大河，伊瓜苏瀑布群因此诞生。

火焰山

火焰山位于吐鲁番盆地中部，由吐鲁番向东去鄯善的路段中，有百多千米蜿蜒起伏的红色山峰，当地人称"土孜塔格"，意即"红山"。

◆ 地理环境

这是一条东西长约 100 千米,南北宽约 10 千米,海拔约 500 米 ~ 600 米左右的年轻褶皱低山。它主要由中生代的侏罗纪、白垩纪和第三纪的赤红色砂岩、砾岩和泥岩组成。山体雄浑曲折,主要受古代水流的冲刷,山坡上布满道道冲沟。山上寸草不生,基岩裸露,且常受风化沙层覆盖。

◆ 相关传说

相传《西游记》中,唐僧取经受阻于火焰山,孙悟空三借芭蕉扇的故事就发生在这里。

◆ 名字由来

盛夏,这里气温高达 47℃,据说山顶气温可达 80℃。在阳光的照射下,红色山岩热浪滚滚,绛红色烟云蒸腾缭绕,热气流不断上升,红色砂岩熠熠发光,恰似团团烈焰在燃烧,故名火焰山。

科莫多国家公园

科莫多国家公园位于小巽他群岛地区，是印度尼西亚的一座国家公园，距巴厘岛约 370 千米。公园内的岛屿都属于努沙登加拉群岛。

◆ 成因

科莫多国家公园形成于火山的抬升运动，巴布亚新几内亚东部的苏门答腊岛、爪哇岛和巴厘岛的成因也是如此。

◆ 地理环境

科莫多国家公园占地 2193.32 平方千米，主要由科莫多岛和瑞音克岛两个大岛及附近的小岛组成。公园内的岛屿大多是悬崖峭壁，供船只停靠的海湾及港口规模很小。

◆ **生物资源**

　　科莫多国家公园内物种丰富,主要生物包括蝠鲼、蓝环章鱼、老鹰、鲸鲨、翻车鱼、侏儒海马、珊瑚等。

◆ **粉色沙滩**

　　游客来到科莫多国家公园不仅可以体验精彩的水中生活,还能在美丽的沙滩上尽情游玩。这里的沙滩不同于别处,由于多个世纪以来分解下来的珊瑚堆积于此,这里的沙滩是独特的粉红色。

普林塞萨地下河国家公园

普林塞萨地下河全长8千米，是世界上最长的地下河，位于菲律宾巴拉望省北岸圣保罗山区，为菲律宾国家级保护景点。

◆ 地理环境

普林塞萨地下河国家公园占地面积202.02平方千米，这里地形复杂，有平原，有丘陵，也有山峰。整个普林塞萨地下河国家公园超过90%的地貌都是由圣保罗山周围的尖锐喀斯特灰岩山脊组成，而圣保罗山本身是由一座座灰岩山峰连绵而成。

◆ **生物资源**

　　普林塞萨地下河国家公园大部分的植物都保留着原始状态，珊瑚礁、苔原和远岸海草地在这里都有发现。这里的动物群包括儒艮、海龟和各种鸟类。

◆ **"大教堂"**

　　地下洞穴的产生来自两方面的原因：一是侵蚀，二是方解石沉积。地下洞穴内部石柱林立，进入其中的游客常感叹这里就像是一座"大教堂"。一连串的岩石在昏暗的光线映照下像一座座石像，你会怀疑自己是不是产生了幻觉。

桌　山

桌山位于开普敦,山高 1087 米,山顶非常平坦,有 "无峰之山" 的称号。开普敦是南非的三大首都之一,桌山已成为这座城市的地标性景观,每年吸引着大量的游客来此。

◆ 环境

桌山上并无水源,但那里的植被十分繁茂,且种类多达 1470 种,是植物学家的向往之地。这里的小型动物和鸟类更是多得出奇,山上的小动物不会躲避游客,任由游客拍照,有的小动物还会在游客身边晃悠,向游客讨要食物。

◆ "上帝的餐桌"

桌山整体形似一个长方形的桌子,前面是滔滔大海,背后是滚滚乱云,被人们称为"上帝的餐桌"。每年10月至次年3月,大量水汽在遇桌山后上升至山顶,再在冷空气作用下形成壮观的云团,好似一张巨大的桌布。

◆ 相关传说

相传在很久很久以前,一个名叫范汉克斯的海盗在桌山附近和一个魔鬼相遇,他们凑在一块马鞍形的岩石旁边,聊天的同时吸着烟。魔鬼心情正好,告诉海盗山上有一个温暖的洞穴,是为赎罪的魔鬼准备的。海盗正想改邪归正,就和魔鬼进行吸烟比赛。这场比赛一直持续到现在,桌山上的云雾因此而来。

坎贝湾史前古城

坎贝湾史前古城是一座具有 9500 年历史的古城废墟，这一发现将古印度这个文明古国的历史又往前推了 5000 年。其中的建筑和人类遗物较为完整，考古学家和历史学家都对这里兴趣十足。

◆ 文献记载

《吠陀经》中有着关于七八千年前的那场大洪水的记载，而古印度史前文明还在这场大洪水之前。那场宗教传说中被神化的洪水大劫，很可能曾被古印度人目睹，并记载在了《吠陀经》中。此经中的某些诗句就是描写冰河时代末期冰川融化、洪水滔天，世界陷入洪荒的景象；更为巧合的是，《吠陀经》中记载的相关事物能在印度民间找到实物。古老的神话传说与历史文献有了交集，而历史文献中的内容能在现实中得到证实。

◆ 发现

　　对坎贝湾的勘探是由地质学家巴丁那亚南教授主持
的，他们通过声呐扫描发现了水下 36 米深的位置存在着
两座古城。这两座城所处的位置正与冰河时代末期消失
的大陆位置对应。通过测定，考古学家得知这两座古城
就是冰河时代末期的建筑。对古城内的遗物研究中，考
古学家发现它们所处的年代距今 9500 年。

◆ 影响

　　印度坎贝湾史前古城很可能是传说中
发达的史前文明之一，古城的规模能与曼哈
顿相较。有了这一发现，曾经关于人类文明
起源的定论开始受到质疑。

大蓝洞

大蓝洞直径为305米,深123米,是在冰河时代末期形成的一个石灰石坑洞。它位于一个名叫洪都拉斯的国家,这个国家处于太平洋和加勒比海之间。

◆ 成因

大蓝洞的形成要追溯到冰河时期。在二百多万年前,海平面较低,海水与淡水相互侵蚀,使得石灰岩地表形成了无数的溶洞,后来经过一系列的地质运动,这些溶洞连成了一个圆形。岁月变迁,气温回升,海水灌入了这个大洞,于是形成了现在的大蓝洞。

◆ 构造

　　大蓝洞呈完美的圆形。巧合的是大蓝洞的洞口与合围的环礁重合，从天上俯瞰仿佛是一道美丽的花环。

◆ "上帝之瞳"

　　洪都拉斯的大蓝洞是世界上最大的蓝洞，洞口与外围的珊瑚礁恰好结合在了一起，似一只大眼睛的轮廓，而内中蓝幽幽的海水又似一只眼瞳。从上往下俯瞰，大蓝洞整体就像一只眼瞳，所以大蓝洞又被称为"上帝之瞳"。

珊瑚礁

珊瑚礁主要由造礁珊瑚的石灰质遗骸和钙藻、贝壳等长期聚结而成。

◆ 生态系统

多数人的注意力都停留在珊瑚礁的美丽外表上,但对于海洋生物而言,珊瑚礁就是养育它们的乐土。珊瑚礁虽然只占据海洋不到 0.2% 的面积,却养活着四分之一的海洋物种,有近三分之一的鱼类生活于珊瑚礁群中。

◆ 价值

珊瑚礁及其潟湖沉积层中蕴含着丰富的矿产资源。珊瑚礁群的存在能打碎海浪,减少海浪携带的能量,降低海浪对海岸的冲击力,对于减少气候变化带来的灾害非常重要。珊瑚本身又能充当工艺品,受到人们的喜爱。

◆ 问题

珊瑚礁正面临着严重威胁,面积正在减小。造成这一现象的原因有两面:一方面是海水升温,导致珊瑚疾病、长棘海星暴发。另一方面是人类对海洋造成的污染日益严重,使海水营养化,导致藻类和浮游植物密度上升,珊瑚体内共生藻的光合作用被抑制,珊瑚礁生态系统的平衡遭到破坏。

水 母 湖

　　水母湖，位于帕劳群岛其中一座岩岛埃尔·马尔克。
这里生活着数百万只水母，它们通过与藻类形成的共生关
系生存。

◆成因

　　水母湖曾是海洋的一部分，后来由于地壳运动，水母湖所在的海床升高，形成了一个独立
开来的内陆咸水湖。这里与外界隔绝，海水中的养分日渐消耗，大多数海洋生物都渐渐消亡，
只剩下水母。它们只需要少量微生物便可存活，由于没有了天敌，这里便成了水母的乐园。

◆ **地理环境**

　　水母湖位于帕劳群岛中的一座岩岛，这里的水面总是很平静，但它却是形成台风的地方。帕劳海的魅力不仅限于它的七色海水，还有它闻名于世的海底景观。

◆ **无毒水母**

　　水母湖是一处独立的内陆咸水湖，生活于此的水母没有天敌，能在此自由繁衍生息。它们无需毒素自卫，久而久之，便繁衍出了世上独一无二的无毒水母。这些无毒水母主要靠海藻分泌的营养素为生，通体散发出淡淡的橘色光芒。

23

贝加尔湖

贝加尔湖位于俄罗斯东西伯利亚高原南部,湖长 636 千米,平均宽 48 千米,面积 3.15 万平方千米,平均深 730 米,是世界上最深和蓄水量最大的淡水湖。

◆ 地理位置

贝加尔湖位于东西伯利亚南部,整体呈新月状,东北—西南走向,距蒙古国边界仅 111 千米。

25

◆ **地理环境**

　　贝加尔湖容纳的淡水为全球淡水资源的五分之一，湖内物种和自然资源十分丰富。贝加尔湖整个冬季都处于冰封状态，但阳光透过冰层后能形成"温室效应"，使得冰层下的水温接近这里的夏天水温，有利于各类水生生物的生存。

◆ **天然"空调"**

　　贝加尔湖周围地区的冬季气温，平均为-38℃，确实很冷，不过每年1月～5月，湖面封冻，湖水凝固，会放出水的热量，可以减轻冬季的酷寒；夏季湖水解冻，大量吸热，降低了炎热程度。因而有人说，贝加尔湖是一个天然双向的巨型"空调"。

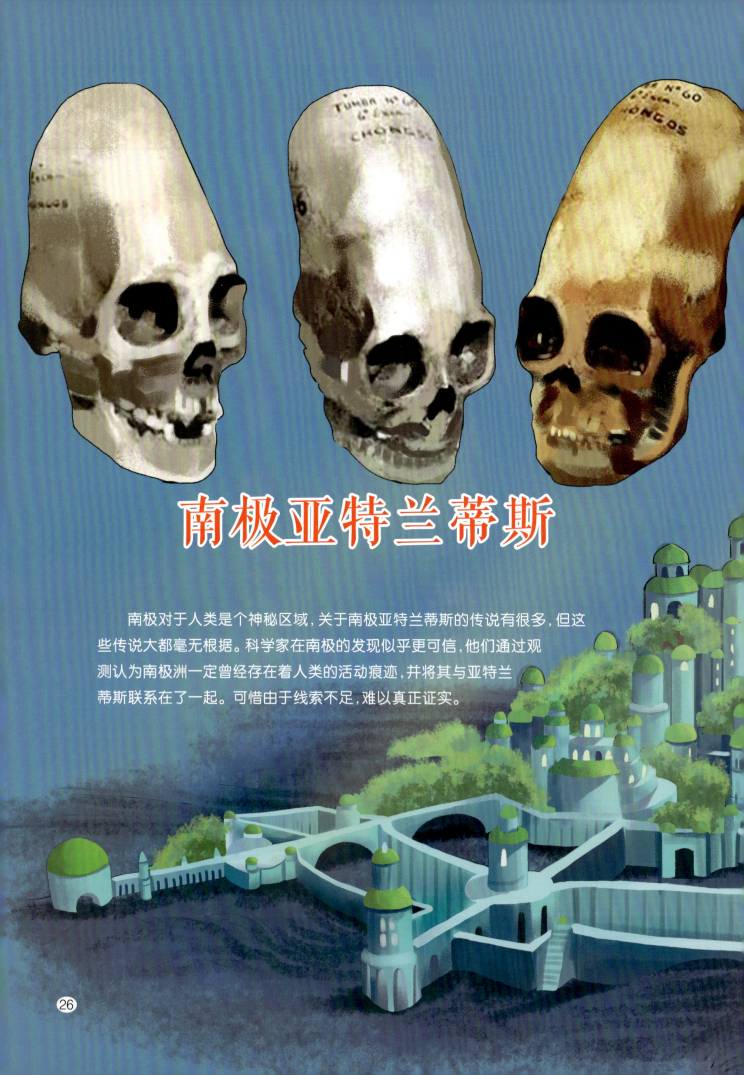

南极亚特兰蒂斯

南极对于人类是个神秘区域，关于南极亚特兰蒂斯的传说有很多，但这些传说大都毫无根据。科学家在南极的发现似乎更可信，他们通过观测认为南极洲一定曾经存在着人类的活动痕迹，并将其与亚特兰蒂斯联系在了一起。可惜由于线索不足，难以真正证实。

◆ 亚特兰蒂斯的传说

柏拉图的《对话录》中有关于亚特兰蒂斯的记载,其中记载着一个叫作"亚特兰蒂斯"的国家,这是个高度文明的国家,位于欧洲到直布罗陀海峡附近的大西洋上,他们自称"海的子民",对大海有着高度的信仰。这个文明消失于一万年前的大洪水,就此成为失落的文明。

◆ 发现

2014年,一支科考队在南极发现了三个细长的头骨,科学家发现这些骨骼非常细非常长,与正常人类的骨骼存在明显差异。DNA检测的结果是头骨主人的DNA中含有某种人类和灵长类动物身上从未出现过的线粒体DNA。换言之,头骨主人只能算半人。此外,科考队还在南极发现了雪地金字塔,由此确定南极在冰封之前很可能存在着一个古老的文明。

◆ 史前文明

考古发现的地图当中南极洲的轮廓与如今的南极存在很大的区别,地图上显示南极并非冰天雪地,而是一个十分适合居住的地方。人类通过卫星遥感技术发现了冰层下的南极大陆,对比史前地图,科学家终于相信了南极洲在史前确实是一片乐土,并且存在非常发达的文明。

亚历山大水下古城

亚历山大水下古城位于埃及北部港口城市亚历山大的海岸。考古学家的研究发现,这座水下古城拥有 2000 年历史,古城内除了人类遗物外,还有一些埃及艳后时期的宫殿。

◆ 发现

在埃及北部港口城市亚历山大的海岸附近,当地人无意中发现了一个大城堡,从中找到了部分宝藏。消息一经传开,有关人员立即赶到现场,经过进一步发掘,水下古城渐渐露出全貌,考古学家从中发现了一些 2000 年前的雕像及埃及艳后统治时期的宫殿。

◆ 成因

大家都知道地壳是在不断运动的，亿万年中地震、洪水、火山爆发时有出现。可能是由于某次巨大的地震，让亚历山大古城沉默于海水之中。

◆ 最富有的水下遗址

因为考古学家在亚历山大水下古城发现了埃及艳后的宫殿，许多人都猜测这座古城是埃及艳后克利奥帕特拉的住宅废墟遗址。文献记载中的埃及艳后的宫殿可是非常富有的，事实上，在古城发掘之处，就传言有人从中得到过宝藏。

胡夫金字塔

胡夫金字塔是世界上现存最大、最著名的金字塔，也是世界上最大的单体古建筑。这座金字塔高约 146.5 米，由约 230 万块巨石叠成。因常年受到风化影响，胡夫金字塔的顶端被剥落了 10 米，目前的高度为 136.5 米。

◆ 建造方法

人们看到金字塔的时候常会因其规模而感到震撼，难以想象在那样一个条件落后的古代如何建起这种规模的建筑。考古学家经过研究和探讨，认为金字塔建造的关键在于"水运法"，就是以水为润滑剂。在搬运巨大石块的路途上铺设了一种埃及特有的红土，洒上水后地面就可供石头在上面滑动，这样运石就省了许多工夫。

◆ 建造原因

　　古代人是十分迷信的，古埃及人同样迷信，他们坚信死亡不是结束，灵魂是不灭的。只要能设法保护好尸身，灵魂就能在 300 年后重新苏醒，并得到永生，因此历代法老都很重视建造金字塔。法老胡夫当然也希望自己死后能在极乐世界永生，于是胡夫金字塔的建造便开始了。

◆ 排列原因

　　由胡夫金字塔、卡夫拉金字塔和孟卡拉金字塔组成的吉萨金字塔群的排列正好与猎户座的腰带相对应。不仅如此，这三个金字塔的大小也和腰带上的三颗星的亮度——对应。古埃及法老为什么要这样做呢？因为他们认为"神"来自猎户座，那里是极乐世界所在。不仅古埃及文明如此，世界历史上多个曾经辉煌过的古老文明都将"神"与猎户座联系在一起。现在许多欧洲人甚至认为猎户座存在外星文明，是他们在遥远的古代来到地球创造了人类。

新巴比伦空中花园

　　新巴比伦空中花园有着"悬苑"的称呼。这座花园的各种植物都种植在平台之上，远看就像花园悬在半空中，"空中花园"的名号由此而来。

◆ 基本结构

　　新巴比伦空中花园采用立体造园法建造，假山用石柱和石板一层层向上堆砌，花园放在四层平台之上，设有灌溉的水源和水管。为防止渗水，每层都铺上浸透柏油的柳条垫，垫上再铺两层砖，还浇注一层铅。

◆ 相关传说

　　相传，在公元前600年左右，新巴比伦的国王娶了米底王国的公主。公主深受国王的宠爱。但是时间久了，公主就十分想念自己的家乡，为了一解公主的思乡之愁，国王便下令在宫殿之内仿造公主的家乡建一座花园，栩栩如生、巧夺天工的人工景色终于博得了公主一笑。

◆ 现状

　　如今,我们要了解新巴比伦空中花园,只能通过后世的历史记载和近代的考古发掘,因为新巴比伦空中花园和其他许多古建筑一样早已淹没在滚滚黄沙之中。现在科学家证实新巴比伦空中花园实际上位于新巴比伦以北 480 千米之外的尼尼微,其建造者是亚述王西拿基立,而不是新巴比伦的尼布甲尼撒王。

阿尔忒弥斯神庙

最初的阿尔忒弥斯神庙比雅典的帕特农神庙还大。这座神庙是为古希腊神话中的阿尔忒弥斯女神而建，它的 127 根柱子每根底部都雕刻有图案。令人遗憾的是神庙在公元前 356 年被黑若斯达特斯焚毁，如今只剩下一根柱子。

◆ 阿尔忒弥斯的传说

阿尔忒弥斯是古希腊神话中的狩猎女神，主司狩猎与大自然、生育与新生儿，是奥林匹斯十二主神之一。她是宙斯最宠爱的女儿，神职仅次于天后。

◆ **现状**

　　如今的阿尔忒弥斯神庙仅剩一根柱子，而且还是由多节残块拼凑而成。人们能看到的只有一片残垣断壁，一群野鸭在这里栖息，那根仅存的石柱顶部已成了鸟儿的窝。

◆ **规模**

　　整座神庙长约 100 米，宽约 55 米，整体看上去显得辉煌壮丽、规模巨大，它由 127 根高大的大理石柱支撑，每根石柱上都雕刻有精美的图案。

奥林匹亚宙斯巨像

宙斯是古希腊神话中的第三代神王，十二主神之首，众神之神。信徒们为表对宙斯的崇拜，兴建了奥林匹亚宙斯神像，它是世界历史上最大的室内雕像。

◆ 材质

宙斯神像是著名雕刻家菲狄亚斯的杰作，他用乌木雕成神像的正身，用宝石雕成神像的双眼，用大理石雕成神像的宝座，用黄金叶缀以珠宝作为宙斯神像的衣服。最后，将象牙、金箔、宝石嵌于木胎之上。

◆ 宙斯的传说

宙斯是克罗诺斯与雷亚所生的小儿子。克罗诺斯担心自己的位置会被自己的孩子夺走，于是就把孩子们吞进肚子。雷亚疼爱最小的儿子宙斯，用石头代替了宙斯骗克罗诺斯吞下，宙斯因此得以幸存。后来宙斯长大后联合兄弟姐妹战胜了父亲，成了第三代神王。

◆ 宙斯神像的毁灭

　　关于宙斯神像的毁灭有两种说法：一种说法是东罗马皇帝西奥多勒斯一世曾将该神像迁往首都君士坦丁堡，475 年神像被一次大火灾所毁；另一说是由于 523 年和 551 年发生的两次强烈地震，把宙斯神庙震塌了，宙斯神像也被摧毁了，其遗迹由于多次受到洪水冲击，早已被泥沙埋没。

摩索拉斯陵墓

摩索拉斯陵墓位于哈利卡纳素斯,于公元前351年建成,毁于3世纪的一次地震。埋于陵墓内的人是公元前4世纪中叶一个名叫摩索拉斯的人,他是波斯帝国属地卡里亚的总督。

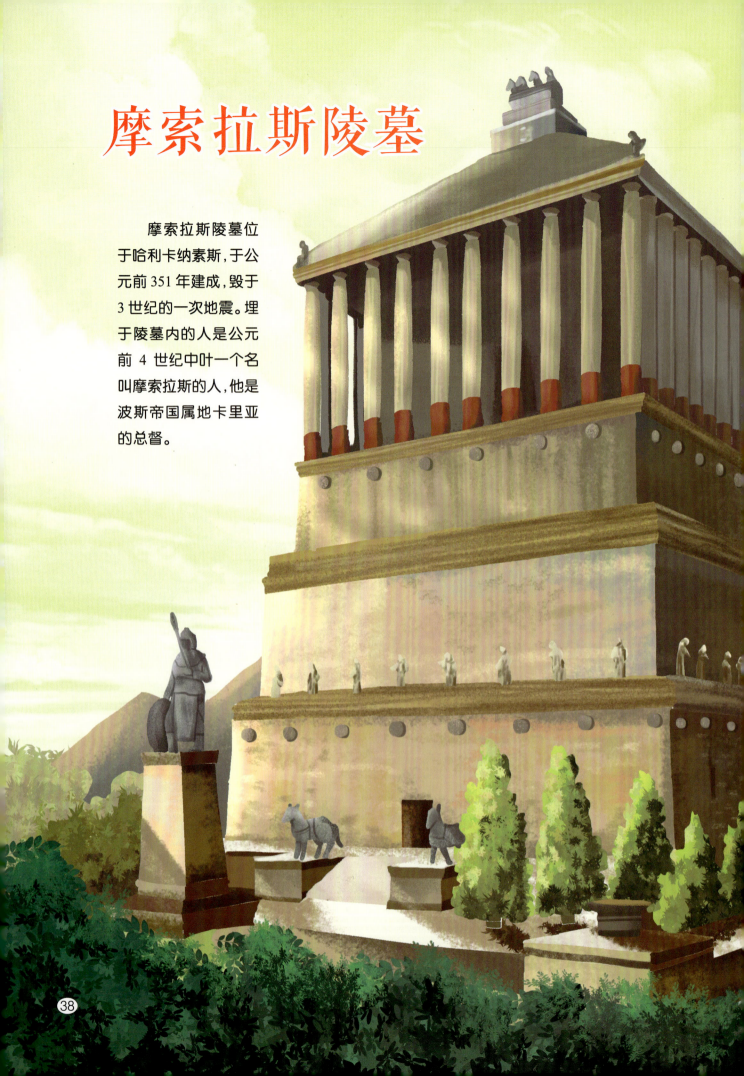

◆ 建造背景

摩索拉斯掌管着卡里亚,他是这里的统治者。公元前 395 年,摩索拉斯下令建造自己的陵墓。这座陵墓直至摩索拉斯身死也没能完工,他的妻子继承了这份未完成的事业。该陵墓最终于公元前 351 年竣工,成了摩索拉斯和妻子的合葬之地。

◆ 建筑结构

摩索拉斯陵墓共分四层,基坛为六阶,底部建筑的材质为白色大理石,高 45 米,其中墩座墙高 20 米,柱高 12 米,金字塔高 7 米,占地 1200 平方米,整体为长方体。陵墓最顶部有一高 6 米的马车雕像,雕像旁边另有石像作装饰。

◆ 闻名之处

摩索拉斯陵墓之所以闻名于世,在于陵墓内的雕像。不同于其他陵墓内或是造型夸张,或是富有神话色彩的雕像,摩索拉斯陵墓内有栩栩如生的真实人像。

罗得岛太阳神巨像

罗得岛太阳神巨像由青铜浇筑，外裹大理石，高约 33 米。这座神像建造于公元前 282 年，毁于公元前 226 年的地震，遗址位于希腊最东边的罗得市的港口。

◆ 建造背景

公元前 305 年，米特里·波里奥克特企图谋取霸权，进攻罗得岛，这里的人民奋勇反击，打败侵略者后，收缴了敌人的青铜武器。罗得岛太阳神巨像就是为了庆祝这次胜利而建，材料正是那些收缴而来的青铜武器。

◆ 消逝原因

罗得岛太阳神巨像完工后没过多久，一场大地震毁灭了城市大部分的建筑，罗得岛太阳神巨像也未能逃过这一劫。巨像从膝关节处断裂了，整座巨像轰然倒塌。从这座巨像建成到倒塌，仅隔了 56 年的时间。

传说，宙斯成为万神之王后封赏诸神，却忘了给太阳神阿波罗留一块封地。阿波罗找上门来时，宙斯施展神力，一块隐没于爱琴海深处的巨石浮出水面。该岛便成了阿波罗的封地，随后阿波罗以爱妻的名字为之命名，罗得岛由此而来。

亚历山大灯塔

亚历山大灯塔建于托勒密二世时期，于1480年沉入海底，它的遗址在埃及亚历山大城边的法罗斯岛上，是世界著名的奇迹之一。

◆ 建造背景

古埃及托勒密一世执政期间，尼罗河三角洲西北临近地中海的一个名叫拉库台的渔村飞速发展，成了一座经济繁荣的大城市，对外贸易发达，需要一座灯塔为来往频繁的船只指引航向。公元前280年，亚历山大灯塔应运而生。

◆ 建筑结构

亚历山大灯塔由石灰石、花岗岩、白大理石和青铜筑成，整体由底座和塔身组成，占地约 930 平方米。灯塔底座采用玻璃块和铅水填实，目的是应对海水腐蚀；整座塔高达 135 米，塔身由上、中、下三部分组成，向上逐渐缩小。

◆ 历史沿革

7 世纪，亚历山大灯塔有一部分被埃及国王下令拆毁，880 年又被修复。约 1100 年，一场地震毁坏了亚历山大灯塔，仅存的底层被当成了瞭望塔。岁月变迁，后来这座灯塔又经历了几次地震，灯塔彻底化为灰烬。

罗马斗兽场

罗马斗兽场位于意大利首都罗马,墙高 57 米,占地面积达 2 万平方米,又称为罗马竞技场。

◆ 建造背景

8 世纪初期,罗马帝国正处于全盛时期。罗马皇帝为了炫耀自己的功绩,与埃及的金字塔一争荣光,驱使十万俘虏和奴隶修建罗马斗兽场。这一工程耗时 10 年,完工后的罗马斗兽场可容纳 8 万人。

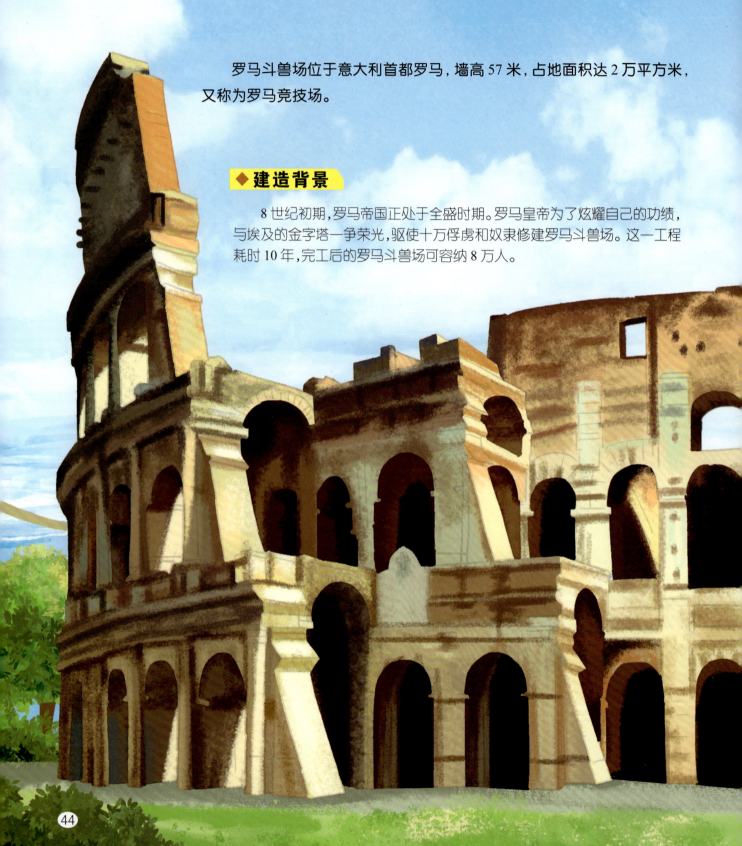

◆ 建筑结构

　　罗马斗兽场的整体结构与现代的圆形体育场相似，中间的椭圆场地分为四层，外周长为529米，外墙高约50米，全都用大理石砌成。最下一层是从四面八方直通场内的80个高大的拱门，第二层和第三层为回廊，第四层为闭合的围墙。

◆ 现状

　　如今的罗马斗兽场已成为世界旅游胜地，每年来此的游客络绎不绝，连带罗马斗兽场附近的凯撒大帝宫殿、尼禄皇帝宅邸、元老院大厦也受到了游客们的青睐。

亚历山大地下陵墓

亚历山大地下陵墓是亚历山大大帝死后其部下托勒密将军为他所建的陵墓,整座陵墓富丽堂皇,建筑用料豪奢。4世纪末,亚历山大地下陵墓神秘消失,1980年被列入《世界遗产名录》。

◆ 人物生平

亚历山大大帝生于公元前356年,是古代马其顿国王腓力二世的儿子。他20岁那年即位,开始了他的东侵之路。亚历山大大帝用10年时间建立起东起印度河西至尼罗河与巴尔干半岛版图的广阔的亚历山大帝国。

◆ 建筑结构

亚历山大地下陵墓位于埃及亚历山大城西南的马里尤特沙漠中,建筑主要用料为大理石和小石块,石雕图案精美,内部装饰豪奢。整座亚历山大地下陵墓占地辽阔,曾是埃及最初的基督教徒朝拜圣地之一。

◆ 消失之谜

自从奥古斯都之子提比略参拜之后，亚历山大地下陵墓便消失了，关于它的消失人们有许多猜测，有的说它被异教徒破坏了，有的说它沉没到了海水中。时至今日，人们也没能找到可能是亚历山大大帝陵墓的遗迹。

47

长　城

　　长城是中国古代的军事防御工事,位于中国北部。明长城东起河北省渤海湾的山海关,西至内陆地区甘肃省的嘉峪关,全长约 6700 千米,现已被列入《世界遗产名录》,也是我国重点文物保护单位。

◆ 建造背景

　　约公元前 220 年,秦始皇完成统一大业后,开始着手应对来自北方的侵略,将原本存在的防御工事连接成一个完整的防御系统。秦以后,入主中原的历朝历代几乎都对长城有过不同规模的修筑,其中秦、汉、明三个朝代对修筑长城最为重视。

◆ 现状

　　目前长城完好的部分仅剩下全长的三分之一,许多地方因自然风化濒临倒塌,缺乏修缮,已不复存在。另外,随着人口数量膨胀,各地积极发展经济,各类建设项目纷纷展开,对长城构成了严重威胁。总而言之,长城在不断缩短。

◆ 文化内涵

　　长城在我国历史上扮演着举足轻重的角色，或是为了抗击外敌，或是为了安定内部，历代 20 多个诸侯国家和封建王朝都修筑过长城，能否守住长城关系着许多朝代的更替与民族兴衰。围绕着长城发生的故事有很多，许多英雄人物为人们津津乐道，丰富了长城的文化内涵。长城的存在能够帮助中国走向世界，帮助世界了解中国，长城是我国古代文化的象征之一。

英格兰巨石阵

英格兰巨石阵位于英格兰威尔特郡索尔兹伯里平原,建于公元前2300年左右,是欧洲著名的史前时代文化神庙遗址,又称索尔兹伯里石环。

◆ 建筑结构

英格兰巨石阵的主体是由几十块巨大的石柱排列而成的同心圆,占地大约110平方千米。组成巨阵的石柱是蓝砂岩,最高的石柱有10米。巨石阵的外围是土岗和土沟,直径约90米;内侧是56个圆形坑。

◆ "复制"巨石

1998年夏天,英国的某位考古学家召集了130多名志愿者,运用古老的运输方法运送一块长8米,重40吨的复制巨石,并将巨石成功竖立了起来。通过计算此次"复制"活动消耗的人力和时间,能推算出当时建造整个巨石阵所消耗的人力资源。

◆ 地位意义

经过对巨石阵的研究,人们发现它的主轴线、通往石柱的古道和夏至日早晨初升的太阳在同一条线上;此外,巨石阵中的两块巨石的连线正好与冬至日日落的方向一致。这一现象说明古人建造巨石阵可能是为了观测天象,由此可以对那一时代的文明进程进行推测。

大报恩寺琉璃宝塔

大报恩寺琉璃宝塔诞生于明代初年，是明成祖朱棣为纪念其母所建。该工程耗资248.5万两银子，耗时近20年，参与的工匠有10万余众。大报恩寺琉璃宝塔在明清两代被誉为"天下第一塔"。

◆ **建筑结构**

大报恩寺琉璃宝塔是一座佛塔，由琉璃砖堆砌而成，每一块琉璃砖上都雕刻有佛教图案。全塔高约78米，共9层，呈正八边形，每一层内都设有篝灯，共146盏，灯芯有寸许粗。

第一绝:大报恩寺琉璃宝塔是有确切记载的中国古代最高的建筑之一。

第二绝:通体用琉璃砖堆砌,独步古今。琉璃塔的主体为砖砌,除了塔顶有一根"管心木"之外,整个建筑当中"不施寸木"。

第三绝:长夜深沉,佛灯永明。每日傍晚时,大报恩寺琉璃宝塔上就会点燃塔内的篝灯,彻夜不熄。

◆ 现 状

大报恩寺琉璃宝塔毁于晚清时期的太平天国战争。如今存放于博物馆中的琉璃构件是当时永乐帝为琉璃宝塔准备的替换构件。如今,永乐帝与宣德帝先后御制的大报恩寺碑尚存遗物。

比萨斜塔

比萨斜塔位于意大利中部比萨古城内的教堂广场上，始建于1174年，属于独立式钟楼型建筑，由雕塑家布斯凯托·皮萨诺主持设计。

◆ 建造背景

　　大约在 10 世纪,比萨王国的大公为庆祝战争胜利决定修建一座大教堂,并在教堂附近建一个钟塔。钟塔尚未完工时出现了倾斜,工程被迫暂停。94 年后,比萨人招来当时著名的工程师皮萨诺,完成了这座钟塔的修建,于 1350 年竣工。

◆ 倾斜原因

　　比萨斜塔建造于古代的海岸边缘,塔下一米便是地下水层,塔下泥土由各种软质粉土的沉淀物和非常软的黏土相间形成。这里的土质在建造钟塔时便已经沙化和下沉,塔身出现倾斜也就不足为奇了。

◆ 建筑参数

　　比萨斜塔占地面积为 285 平方米,总重约 14453 吨,从地基到塔顶高 58.36 米,垂直高度约为 55 米,塔座宽 4.09 米,塔顶宽 2.48 米,重心在地基上方 22.6 米处。塔身倾斜约10%,即 5.5°,偏离地基外沿 2.3 米,顶层突出 4.5 米。

索菲亚大教堂

索菲亚大教堂位于土耳其的君士坦丁堡，因巨大的圆顶闻名于世。这座教堂建于公元 537 年，有近 1500 年的历史，现为土耳其伊斯坦布尔的博物馆。

◆ 名称由来

索菲亚大教堂的名字来源于人名，索菲亚是一位圣人的名讳，这个词在希腊语里的意思是"上帝智慧"。

◆ 规模

索菲亚大教堂的圆顶高 60 米，最大直径达 31.24 米。从上空俯视，整座教堂呈长方形，占地面积近 8000 平方米，其中中央大厅 5000 多平方米，教堂前厅 600 多平方米。

索菲亚大教堂已从过去的宗教场所变成了一座博物馆，被禁止用作宗教礼拜场所，这一命令是由土耳其共和国第一任总统穆斯塔法·凯末尔·阿塔图尔克下达的。

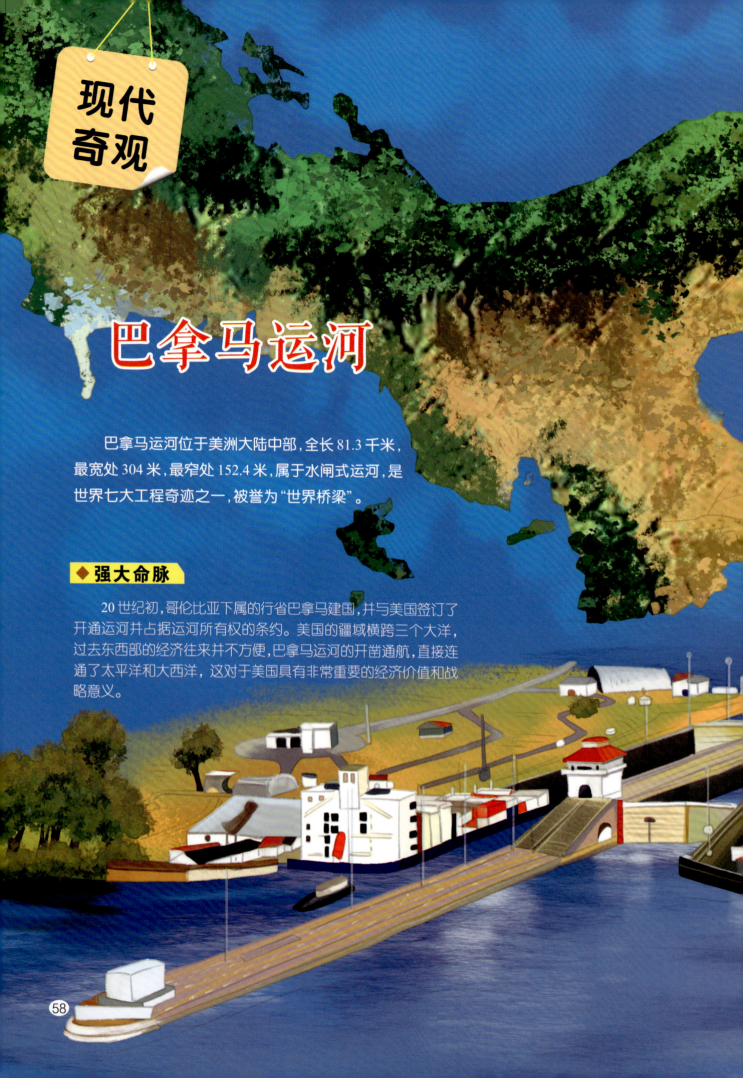

巴拿马运河

巴拿马运河位于美洲大陆中部，全长 81.3 千米，最宽处 304 米，最窄处 152.4 米，属于水闸式运河，是世界七大工程奇迹之一，被誉为"世界桥梁"。

◆ 强大命脉

20 世纪初，哥伦比亚下属的行省巴拿马建国，并与美国签订了开通运河并占据运河所有权的条约。美国的疆域横跨三个大洋，过去东西部的经济往来并不方便，巴拿马运河的开凿通航，直接连通了太平洋和大西洋，这对于美国具有非常重要的经济价值和战略意义。

◆ 作用

巴拿马运河于 1914 年完工, 1920 年通航, 使得美国东西海岸间的航程被大大缩短, 较之绕行合恩角减少了 14800 千米的航程。

◆ "死亡的海岸"

巴拿马运河于 1881 年开始动工, 工程先后耗时加起来总共用了 33 年, 挖掘的土方共有 2 亿 1 千万立方米。为了开凿这条运河, 7 万余名工人丧命于此, 因此这里有"死亡的海岸"的称号。

埃菲尔铁塔

　　埃菲尔铁塔位于塞纳河南岸马尔斯广场，于 1889 年建成，原高 300 米，1959 年装上电视天线后为 320 米，共有 1711 级阶梯。它由工程师古斯塔夫·埃菲尔负责设计建造，是法国巴黎最高建筑物。

◆ 建造成本

　　埃菲尔铁塔由很多分散的钢铁构件组成，单是建造铁塔所用的钢铁就已超过 8000 吨。铁塔需要刷漆防锈，一次就会消耗 52 吨油漆。当时建造埃菲尔铁塔花费了近 800 万法郎。

1892 年,巴林的一位面包师踩着高跷走上了埃菲尔铁塔的阶梯,他成功地迈过了 363 级台阶。1923 年,一位体育专栏作家骑着自行车从塔上驶了下来。1945 年,有人驾着飞机成功地从铁塔的脚柱下穿过。更为离奇的是,竟有骗子两次企图将铁塔当废铁出售……

◆ 成就

埃菲尔铁塔建成时是世界最高建筑,并保持这一记录至 1930 年。埃菲尔铁塔是巴黎的标志性建筑之一,结合了技术与艺术,作为一座人文建筑屹立在战神广场上,被法国人称为"铁娘子"。

帝国大厦

　　帝国大厦位于曼哈顿第五大道 350 号、西 33 街与西 34 街之间，于 1931 年 4 月 11 日竣工，曾是世界最高建筑，并保持这一记录达 41 年，是美国纽约的地标建筑物之一。

◆ **建造背景**

　　20 世纪 30 年代，美国正处于经济大萧条时期，当时的普通美国人生活并不好。而华尔街的大老板们却争相斗富，他们斗富的方式就是看谁建的摩天大楼更高。当时的百万富翁约翰·雅各布·拉斯科布请来建筑师威廉·拉姆为他设计建造了这座帝国大厦。

◆ 创造记录

帝国大厦连同塔楼高 378 米、共 102 层, 1952 年加装了电视天线后, 总高度为 449 米。帝国大厦保持着"世界最高建筑"的记录长达 41 年, 尽管它被后来的建筑打破纪录, 但它还有一项了不起的纪录: 帝国大厦是在 13 个月的时间里建成的。

◆ 实际价值

帝国大厦建于 20 世纪 30 年代, 建成之日的开幕仪式震动了整座城市。然而它在当时却并未体现出多少实际价值, 反而是造成了不必要的浪费。在经济大萧条的影响下, 帝国大厦基本上租不出去, 损失不可谓不大。

金门大桥

金门大桥位于金门海峡之上，连接着美国加利福尼亚州和旧金山。它作为一座跨海通道闻名于世，桥身全长 1981.2 米，是美国旧金山市的标志性建筑之一。

◆ 建造背景

早在 1872 年，美国人就有了在金门海峡修建一座大桥的想法，但由于成本问题这一建议被否决。1915 年到 1918 年，人口的激增和社会需求的增加使得轮渡日益不能满足快速运输的需求，关于建桥的号召活动展开。后面的十来年，人们开始为建造勘察、设计和筹集资金。1933年，金门大桥正式动工。

◆ 建筑结构

金门大桥桥身全长 1981.2 米，采用双塔悬索桥设计，高架桥采用拱桥设计，缆索为钢缆索体系，主梁为正交异性钢桥面板。整座桥分别由主桥、引桥、高架桥、两座桥塔、锚碇、悬索、吊索、引桥及各立交匝道组成。

◆ 建造成本

金门大桥于 1933 年动工，1937 年 5 月竣工，用了 4 年时间和 10 万多吨钢材，耗资达 3550万美元，放在现在相当于大约 5.14 亿美元，也就是大约 36 亿人民币。虽然现在看来这个成本不是很高，但是放在 80 多年前的美国，这绝对是一笔巨资了。

加拿大国家电视塔

加拿大国家电视塔建于 1976 年,高 553.33 米,是世界上第五高的自立式建筑。它是多伦多的地标性建筑,在 1995 年被列入"现代世界七大奇迹"。

◆ 建筑概况

　　加拿大国家电视塔共有 147 层，塔内拥有将近 1700 多级的金属阶梯，拥有高速玻璃电梯。这座塔全部都由混凝土所建，内有观景台、饭店、塔楼等为游客准备的设置。观景台往上一层是顶部"针"的基座，一般不对游客开放。

◆ 独特之处

　　在加拿大国家电视塔的观景台上有部分呈扇形的玻璃地面，来到这里的游客都觉得心惊肉跳，如果再隔着玻璃往下看，更是让人如临深渊。不过，想要上去感受刺激的游客大有人在。

◆ 现状

　　如今的加拿大国家电视塔给人的印象就是一处旅游胜地，实际上它对游客开放的主要是望塔和天棚。加拿大国家电视塔最初建立的目的是供电视台和广播台使用，如今仍为加拿大的一些电视台和广播台提供服务。

伊泰普水电站

　　伊泰普水电站是世界大型水电站之一，位于巴拉那河流经巴西与巴拉圭两国边境的河段。该水电站拥有 20 台发电机组，年发电量 900 亿千瓦时，电力供应给巴西与巴拉圭两国。

◆ 建造历程

　　巴拉那河是南美洲第二大河流，全长5290千米。巴西与巴拉圭两国都看到了巴拉那河蕴藏的巨大价值，于1973年5月17日签订了共建伊泰普水电站的合作协议，商定水电站建成后均分电力。1975年，工程正式动工，1991年竣工。2006年和2007年又分别新增了一台发电机组。

◆ 建筑投入

　　伊泰普水电站大坝为混凝土空心重力坝，引进德国西门子技术建造，投资200亿美元，由巴西和巴拉圭两国各付一半。实际情况是巴拉圭经济困难，只能向巴西贷款，所以这座水电站实际上是由巴西出资建设的。

◆ 现状

　　现在的伊泰普水电站不仅为巴西和巴拉圭提供着电力，还为巴西创造了不菲的旅游收入。每年都有大量游客慕名而来，巴西政府为此还在上游建造了湖滨休息区和人造海滩。

英法海底隧道

英法海底隧道由英国负责修建，位于英国多佛港与法国加来港之间，属于铁路隧道，于 1994 年 5 月 6 日开通。

◆ **建筑参数**

英法海底隧道长度为 50.5 千米，其中海底部分长 37 千米。隧道内有三条平行隧洞，总长度 153 千米，海底部分总长度为 114 千米。隧道开挖洞径为 5.38 米～5.77 米，通行洞径为 7.6 米。

◆ **建设过程**

1973 年 11 月，英法两国政府签订了关于修建海底隧道的条约，并提出了具体方案；1986 年 2 月 12 日，英法两国海底隧道条约签订仪式召开；1987 年，英法海底隧道正式开工，计划 1993 年通车；1994 年，隧道竣工，较计划延迟了一年。

◆ **建造意义**

英法海底隧道的建成使得欧洲大陆居民往返英国的时间大大缩短，虽说无法产生重大的经济效益，但它促进了国家之间的文化、经济交流，在一定程度上促进了英法两国的发展。

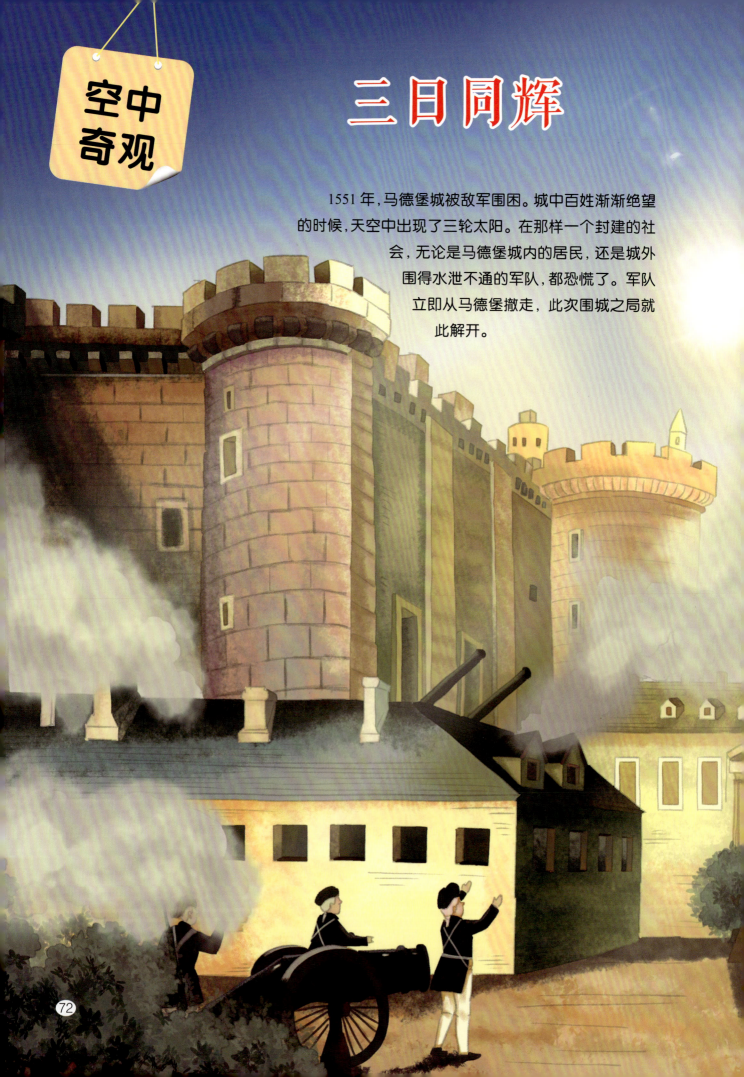

三日同辉

1551 年，马德堡城被敌军围困。城中百姓渐渐绝望的时候，天空中出现了三轮太阳。在那样一个封建的社会，无论是马德堡城内的居民，还是城外围得水泄不通的军队，都恐慌了。军队立即从马德堡撤走，此次围城之局就此解开。

◆ "假日"

　　气象学上把这种三个太阳同时出现的自然现象称作"假日"。假日现象十分罕见，再加上古代科学水平落后，迷信思想严重，所以许多百姓把它看成是灾祸的预兆。其实假日只是一种光学现象，是一种特殊的日晕。

◆ 成因

　　这里以阳光通过六棱镜为例。光线照射到六棱镜上，一部分会反射出去，剩下部分会通过六棱镜产生折射。同理，高空中有时会出现许多悬浮状态的六棱形冰柱，光线通过这片区域就会产生反射和折射，于是太阳的左右两边就会各多出一个太阳，呈现在大家眼中就成了三日当空。

◆ 相关事件

　　1948年春天，在乌克兰的波尔塔瓦城，11点左右，太阳左右两旁又有了两个明亮的太阳。1987年，我国泰山上还发生过二日凌空的奇景。

管状云

云朵千奇百怪，其中管状云世间罕见。管状云属于管状带形的云彩，"晨暮之光"是人们送给它的雅称。

◆ 小镇奇景

当秋天到来时，位于澳大利亚昆士兰州的一个名叫伯克顿的小镇上空，会出现长长的管状云。这些管状云当中有的长度能延伸出 900 多千米，景象十分壮观。因此，这个居民不足 200 人的偏远小镇，每年都能迎来不少游客。

◆ **主要成因**

　　管状云的学名为"卷轴云"，其产生是因为潮湿的空气受到热带气旋强烈的上升气流影响，被带到近约几千米的高空中，在高空低温的作用下，潮湿的空气凝结成了透明的小冰粒，绢丝一样的管状云便形成了。

◆ **相关报道**

　　2022年6月13日，我国山东烟台长岛沿海的渔民饱了眼福，目睹了管状云。据渔民们说，天上就像多了一根细长的白色棍子，横着向两边延伸，一眼看不到尽头，可谓压迫感十足。专家称，这种管状云并不细，其直径通常都在100米以上，而且能够在空中翻滚着快速移动。

天降火雨

干雨也曾被称为火雨。大约 100 年前,火雨毁灭了亚速尔群岛地区整整一支舰队。而在得克萨斯,火雨引起了草原特大火灾。1889 年非洲的毛里求斯萨凡纳区又成了火雨的牺牲品。

◆ 应对措施

干雨现象产生后会出现瀑布式倾热,在大量的热量影响下,灭火工作难以收到成效。如果碰到干雨现象引发的火灾,除了展开灭火工作外,还需要应对干雨现象带来的高达 2000℃的雨热。具体实施时以水扑救火为主,辅以特殊物质隔断热源和氧气的接触。

◆ 成因

对干雨现象的解释,目前存在两种观点。一种认为,干雨现象的产生与彗星有关。随着时间推移,天文物理学家观测到了越来越多的彗星散落现象,他们认为,彗星散落后的 6 年 ~ 15 年内非常可能出现干雨现象。

另一种观点认为,干雨现象是外星文明造成的。干雨现象是彗星散落造成的,而彗星来源于宇宙空间,化学家可以分析散落彗星的化学成分,做出种种推测,但目前尚无法给出定论。

总之,干雨现象是如何产生的仍然是个谜。